Ernst Probst

Die Walternienburg-Bernburger Kultur

Eine Kultur der Jungsteinzeit vor etwa 3.200 bis 2.800 v. Chr.

Allen Prähistorikern und Prähistorikerinnen gewidmet,
die mich bei meinen Büchern über die Steinzeit unterstützt haben

Impressum:
Die Walternienburg-Bernburger Kultur
1. Auflage als Print-Buch: Juni 2019
Autor: Ernst Probst
Im See 11, 55246 Mainz-Kostheim
Telefon: 06134/21152
E-Mail: ernst.probst (at) gmx.de
Herstellung: Amazon Distribution GmbH, Leipzig

ISBN: 978-1-073-47624-4

Bernburg an der Saale in Sachsen-Anhalt ist einer der Orte, nach der die Walternienburg-Bernburger Kultur benannt wurde. Foto: Sarkana from Berlin / https://www.flickr.com/photos/25591034@N04, Lizenz: Freie Kunst (http://artlibre.org/lal/de)

Walternienburg an der Nuthe,
ein Ortsteil der Stadt Zerbst/Anhalt in Sachsen-Anhalt,
ist einer der Orte,
nach der die Walternienburg-Bernburger Kultur benannt wurde.

Vorwort

Eine nach den Fundorten Walternienburg und Bernburg in Sachsen-Anhalt bezeichnete Kultur der Jungsteinzeit steht im Mittelpunkt des Taschenbuches „Die Walternienburg-Bernburger Kultur“ von Ernst Probst. Diese Kultur war von etwa von 3.200 bis 2.800 v. Chr. in Teilen von Sachsen-Anhalt, Thüringen, Niedersachsen und Bayern verbreitet. Die Angehörigen der Walternienburg-Bernburger Kultur errichteten mit Gräben, Wällen und Palisaden geschützte Höhensiedlungen, weil sie offenbar Angriffe durch Nachbargruppen befürchteten. Vielleicht waren sie die ersten Reiter in Mitteldeutschland. Ihre Medizinmänner führten komplizierte Schädeloperationen durch. In ihrem Leben spielten mit Tierhäuten bespannte und mit Symbolzeichen verzierte Tontrommeln eine wichtige Rolle. Als eines ihrer eindrucksvollsten Kunstwerke gilt eine mannshohe Menhirstatue mit Darstellung der mysteriösen „Dolmengöttin“. Seltsame kleine Tonobjekte könnten Sitzmöbel für eine tönerne Götterfigur gewesen sein. Ihre Toten betteten sie in Steinkistengräbern, Gräbern mit Steinpackungen, Holzbohlenverkleidung oder Totenhütten zur letzten Ruhe.

Prähistoriker Alfred Götze (1865–1948).
Foto: Porträt von 1938

Die Walternienburg-Bernburger Kultur

In Teilen von Sachsen-Anhalt, Thüringen, Niedersachsen und Bayern existierte von etwa 3.200 bis 2.800 v. Chr. die Walternienburg-Bernburger Kultur. Dabei handelte es sich um zwei Gruppen mit einem jeweils eigenständigen keramischen Stil – nämlich die Walternienburger Gruppe und die Bernburger Gruppe –, die teilweise selbstständig nebeneinander vorkamen, teilweise aber auch miteinander vermischt waren.

Die Walternienburger Gruppe wurzelte in Teilen von Sachsen-Anhalt und reichte bis nach Thüringen. Die Bernburger Gruppe kam vor allem im Saalemündungsgebiet vor. Gebietsweise haben sich diese beiden Gruppen jedoch überschnitten, weshalb man von der Walternienburg-Bernburger Kultur spricht.

Die Walternienburg-Bernburger Kultur wurde von der Altmark und den angrenzenden norddeutschen Gebieten her durch die dortige Trichterbecher-Kultur inspiriert. Die Bernburger Gruppe weist dagegen südöstliche Einflüsse aus Böhmen auf.

Der Begriff Walternienburg-Bernburger Kultur ist auf den schwedischen Archäologen Nils Aberg (1888–1957) zurückzuführen, der 1918 von Walternienburg-Bernburger Keramik sprach. Älter ist die Bezeichnung Bernburger Kultur. Der Berliner Prähstoriker Alfred Götze (1865–1948) hat bereits 1892 den Namen Bernburger Typus und 1911 den Begriff Walternienburger Kultur eingeführt. Der Ausdruck Walternienburg-Bernburger Kultur erinnert an zwei Fundorte in Sachsen-Anhalt: das Gräberfeld im Stadtteil Walternienburg von Zerbst

Von Wölfen angegriffener Auerochse (auch Ur genannt).
Lebensbild des Berliner Tiermalers Heinrich Harder (1858–1935)

(Kreis Anhalt-Bitterfeld) und an die Gräber von Bernburg (Salzlandkreis).
Im nördlichen Verbreitungsgebiet dieser Kultur herrschten Eichenmischwälder vor, während im südlichen Teil vermehrt eichenreiche Buchen-, Buchen-Tannen- und auch reine Fichtenwälder verbreitet waren. In diesen Wäldern lebten Braunbären, Auerochsen, Rothirsche, Rehe, Wildschweine und Hasen. Gebietsweise kamen auch Steinadler vor.
Die männlichen Angehörigen der Walternienburg-Bernburger Kultur erreichten eine Körpergröße von 1,59 bis 1,76 Meter, die weiblichen von 1,50 bis 1,62 Meter. Wie damals allgemein üblich, hatten auch die Menschen dieser Kultur eine niedrige Lebenserwartung. So betrug das durchschnittliche Sterbealter der in Schönstedt (Unstrut-Hainich-Kreis) bestatteten Menschen 21,6 Jahre, im Gräberfeld von Niederbösa (Kyffhäuserkreis) 21,7 Jahre und im Gräberfeld von Nordhausen (Kyffhäuserkreis) 24,6 Jahre. Alle drei Fundorte liegen in Thüringen. In Schönstedt waren mehr als die Hälfte der Bestatteten schon als Kinder oder Jugendliche gestorben.
In manchen Fällen konnte man an den Skelettresten feststellen, unter welchen Krankheiten diese Menschen einst gelitten haben. Aus Niederbösa sind Spuren von Vitaminmangel-Erkrankungen bzw. Mineralisations-Störungen der Knochen bekannt, die in einem Fall zur Verbiegung des Brustbeins führten. Am selben Fundort schloss man auch auf durch Tuberkulose verursachte Veränderungen. Es könnte sich aber genauso gut um entzündliche und tumoröse Prozesse gehandelt haben. Untersuchungen der Skelettreste in Schönstedt zeigen, dass an den Zähnen nur selten Karies auftrat.
Mehrfach konnte man Verletzungen nachweisen. So zeigen drei Schädel aus Niederbösa Eindellungen, die als Hiebverletzungen

Schädeloperation (Trepanation)
zur Zeit der Walternienburg-Bernburger Kultur.
Zeichnung: Fritz Wendler (1941–1995)
für das Buch „Deutschland in der Steinzeit" (1991)
von Ernst Probst

gedeutet werden. Auch bei zwei Bestattungen aus Schönstedt besteht der Verdacht auf tödliche Hiebe. Anders ein Mann aus Niederbösa: Er war am Oberarm von einem Pfeil getroffen worden, die Pfeilspitze steckte noch im Knochen. Trotzdem war die Wunde verheilt. Ein weiterer Fall eines Pfeilschusses wurde aus Gotha-Siebleben in Thüringen bekannt. In der linken Rippe eines der dort Bestatteten entdeckte man eine Pfeilspitze, die von neu gebildetem Knochengewebe umgeben ist. Der Verletzte hat demnach den Schuss lange Zeit überlebt. In Gotha-Siebleben hatte der Bodendenkmalpfleger Ralf Rohbock aus Gotha Skelettreste von 50 bis 60 Bestattungen entdeckt. Es ist unklar, ob es sich in Niederbösa und Gotha-Siebleben um Jagdunfälle oder um Kampfverletzungen handelte.

In einem Steinkistengrab von Seeburg (Kreis Mansfeld-Südharz) in Sachsen-Anhalt stieß man auf die Bestattung eines etwa fünf bis sechs Jahre alten Kindes, das einen Wasserkopf hatte. Da solche Kinder sorgfältiger Pflege bedürfen, belegt das Überleben dieses Kindes bis zum sechsten Lebensjahr eine entsprechende Fürsorge und hohe soziale Einstellung.

Ab der Zeit der Walternienburg-Bernburger Kultur wurden auch in Mitteldeutschland erstmals Schädeloperationen (Trepanation) nachgewiesen. Dass etwa 90 Prozent der Patienten, die lediglich mit Steingeräten vorgenommenen Öffnungen des Schädeldaches überlebten, beweist das große fachliche Können der damaligen Medizinmänner. Offenbar war Mitteldeutschland in dieser Zeit ein Zentrum der Trepanation. Bei den Walternienburg-Bernburger Leuten wurden Trepanationen fast nur bei Männern (92,3 Prozent) und nur äußerst selten bei Frauen (7,7 Prozent) vorgenommen.

Die Walternienburg-Bernburger Leute haben außer in Einzelgehöften und unbefestigten Siedlungen auch in mit

Gräben, Wällen und Palisaden geschützten Höhensiedlungen gewohnt. Dies weist darauf hin, dass sie Überfälle durch Nachbargruppen befürchteten.

Zu den befestigten Höhensiedlungen der Walternienburg-Bernburger Kultur gehört die auf dem Langen Berg in der Dölauer Heide bei Halle/Saale in Sachsen-Anhalt. Sie wurde bei den Untersuchungen der älteren Höhensiedlung der Baalberger Kultur (etwa 4.300–3.700 v. Chr.) auf der benachbarten Bischofswiese entdeckt. Die Baalberger Siedlung auf dem Langen Berg wurde durch den Prähistoriker Detlef W. Müller aus Halle/Saale untersucht. Die Höhensiedlung der Walternienburg-Bernburger Kultur erstreckte sich auf dem Nordteil des Langen Berges und lag demnach in Nachbarschaft der Bischofswiese, auf der sich zuvor Baalberger Leute (etwa 4.300–3.700 v. Chr.) und Salzmünder Leute (etwa 3.700–3.200 v. Chr.) niedergelassen hatten. Diese Bernburger Siedlung befand sich auf einem steil abfallenden Hochplateau, etwa 20 Meter über der Umgebung. Der schmale Zugang im Nordwesten wurde durch eine etwa 35 Meter lange Doppelpalisade geschützt. Im Nordteil der Palisade hatte man eine kleine Bastion errichtet, die vielleicht als Ausguck und weitere Schutzeinrichtung diente. Zu dieser Höhensiedlung mit etwa anderthalb Hektar Fläche gehörten schätzungsweise fünf bis zehn Häuser. Ein aufgedeckter Hausgrundriss ist 6,60 Meter lang und 5,50 Meter breit.

Auf dem Steinkuhlenberg bei Derenburg (Kreis Harz) errichteten Bernburger Leute eine drei Hektar große befestigte Höhensiedlung. Sie lag etwa 18 Meter über der Flussniederung auf der Bergnase und wurde auf einer Seite durch einen Steilhang, auf den übrigen drei Seiten durch einen 3 Meter breiten und 1,20 Meter tiefen Graben gesichert. Die Höhensiedlung auf dem Steinkuhlenberg wurde durch Beobachtungen des Museumsleiters Hans Becker (gestorben 1939) aus Blankenburg erkannt. Der Prähistoriker Paul Grimm (1907–1993), der damals in Halle/Saale wirkte, hat diese Höhensiedlung untersucht und 1940 darüber berichtet.

Höhensiedlungen der Walternienburg-Bernburger Kultur kamen auch im bayerischen Regierungsbezirk Unterfranken vor, der an Thüringen grenzt. Sie markieren vermutlich die Westgrenze des Verbreitungsgebietes der Walternienburg-Bernburger Leute. Spuren solcher Höhensiedlungen kennt man bei Burgerroth (Kreis Würzburg), auf dem Judenhügel bei Kleinbaudorf (Kreis Rhön-Grabfeld) und auf dem Schwanberg bei Kitzingen (Kreis Kitzingen).

Wie andere Zeitgenossen aus ähnlich alten Kulturen gingen die Walternienburg-Bernburger Leute gelegentlich mit Pfeil und Bogen auf die Jagd. Wenn es in Nähe der Siedlung ein fischreiches Gewässer gab, hat man auch Fischfang betrieben. Einen Hinweise hierfür lieferte ein Angelhaken aus einer Siedlung von Passendorf (Stadtkreis Halle-Neustadt) in Sachsen-Anhalt.

Grundlage der Nahrungsgewinnung für das Leben dieser Menschen waren der Ackerbau und die Viehzucht. Sie säten und ernteten Emmer, Einkorn und Gerste. Auch Flachs wurde angebaut, um aus Fasern Textilien herstellen zu können.

Als Haustiere sind Rinder, Schafe, Ziegen, Schweine, Hunde und – wahrscheinlich erstmals in Mitteldeutschland – sogar Pferde nachgewiesen. Wie Skelettreste aus Abfallgruben beweisen, wurden alle diese Tierarten in der Siedlung auf der Schalkenburg bei Quenstedt (Kreis Mansfeld-Südharz) in Sachsen-Anhalt gehalten. Dort waren auffällig kleine Rinder die häufigsten Haustiere. Die Kühe erreichten Widerristhöhen

Prähistoriker Paul Grimm (1907–1993).
Foto: Dr. Paul Grimm, Berlin

von nur 1,04 bis 1,14 Meter, die Stiere dagegen 1,24 bis 1,39 Meter.

Hieb- und Schnittspuren an Hundeknochen, von denen einige angekohlt sind, lassen die Vermutung zu, dass man diese Tiere geschlachtet und verzehrt hat. Funde von Hunde-Eckzähnen, die an der Wurzel durchbohrt sind, bezeugen deren Verwendung als Schmuck oder Amulett.

Von besonderem Interesse sind die auf der Schalkenburg bei Quenstedt gefundenen Pferdeknochen. Sie stammen nach Berechnungen von Archäozoologen von kleinen Tieren, die Widerristhöhen von etwa 1,20 bis 1,35 Meter erreichten. In Gräbern kamen Knochen- und Geweihobjekte zum Vorschein, die von manchen Prähistorikern als Knebel gedeutet und als Beweis dafür betrachtet werden, dass die Walternienburg-Bernburger Leute bereits Pferde als Reittiere benutzten. Auch in einem Grab von Schönstedt (Unstrut-Hainich-Kreis) in Thüringen wurden vereinzelt Knochenreste von einem Pferd entdeckt. Ein Pferdehuf kam in einem Grab von Tangermünde (Kreis Stendal) in Sachsen-Anhalt zum Vorschein.

Die Walternienburg-Bernburger Leute aßen Speisen aus Getreidekörnern oder -mehl, Fleisch von Haustieren, essbare Pflanzen, Wildbret und Fische. Knochenreste vom Rind, Schaf oder der Ziege, vom Schwein und vom Pferd hat man beispielsweise in der Siedlung auf dem Langen Beg bei Halle/Saale geborgen.

Tönerne Gegenstände und Gefäße zur Salzgewinnung im Elbe-Saale-Gebiet liefern Anhaltspunkte dafür, dass die Walternienburg-Bernburger Leute manche ihrer Mahlzeiten salzten.

Funde von Werkzeugen aus ortsfremdem Gestein und von Schmuck aus Bernstein dokumentieren Tauschgeschäfte und

Menhir „Langer Stein" bei Seehausen,
einem Ortsteil der Stadt Wanzleben-Börde (Kreis Börde)
in Sachsen-Anhalt,
aus dem Umkreis der Walternienburg-Bernburger Kultur.
Foto: Radler59 / CC-BY-SA3.0 (via Wikimedia Commons),
lizensiert unter Creative-Commons-Lizenz by-sa-3.0-en,
https://creativecommons.org/licenses/by-sa/3.0/legalcode

Fernverbindungen. Vielleicht wurden diese Importgüter teilweise mit Salz „bezahlt".
Für Transporte von Tauschwaren und anderen Gütern verfügte man vermutlich ebenso wie die Trichterbecher-Leute (etwa 4.300–3.000 v. Chr.) und die Wartberg-Leute (etwa 3.500–2800 v. Chr.) über Zugtiere und Wagen, obwohl man bisher keinen archäologischen Hinweis dafür fand. Vielleicht hat man damals tatsächlich schon Pferde als Reittiere verwendet, wie einige Prähistoriker vermuten. Auch Wegebau und Einbäume als Wasserfahrzeuge – wie in Norddeutschland nachgewiesen – wären denkbar.
Die Walternienburg-Bernburger Leute schmückten sich mit durchbohrten Tierzähnen (vor allem vom Hund), Knochennadeln, importierten Bernsteinperlen sowie Kupferspiralen und -röllchen, kupfernen Ösenhalsringen und Spiralarmringen. Allein in dem bereits erwähnten Grab von Schönstedt befanden sich mehr als 220 Hundezähne sowie je zwei Zähne vom Braunbär, Dachs und Iltis, die durchbohrt sind. In Niederbösa konnten 36 durchbohrte Hundezähne und ein durchlochter Schweinezahn geborgen werden, die als Kettenbestandteile dienten.
Einige Gusstiegelreste aus der befestigten Siedlung von Großobringen (Kreis Weimarer Land) belegen eigene Kupferproduktion. Demnach sind die an Fundplätzen dieser Kultur entdeckten kupfernen Schmuckstücke selbst hergestellt worden.
Die Angehörigen der Walternienburg-Bernburger Kultur haben auch etliche Kunstwerke hinterlassen. Dazu gehörten verzierte Platten von Steinkistengräbern, ein Menhir, eine Gesichtsdarstellung aus Ton, eine fragmentarisch erhaltene menschliche Tonfigur und tönerne Throne, von denen später noch in anderem Zusammenhang die Rede sein wird.

Menhir mit Darstellung der „Dolmengöttin“ von Langeneichstätt (Saalekreis) in Sachsen-Anhalt. Foto: Logopin / CC-BY-SA3.0 (via Wikimedia Commons), lizensiert unter Creative-Commons-Lizenz by-sa-3.0-de, https://creativecommons.org/licenses/by-sa/3.0/legalcode

Verzierte Platten von Steinkistengräbern kennt man im Stadtteil Nietleben von Halle/Saale und aus Schkopau (Saalekreis) in Sachsen-Anhalt. Sie sind auf der zur Grabkammer gewandten Seite verschönert worden. In Nietleben hatte man zwei Wandsteine mit verschiedenen Motiven versehen. Zu erkennen sind Tannenzweige, das Leitermotiv, Kammmuster, sich teilweise kreuzende Linien sowie ein Dreiviertelkreis, ein Kreuz, eine liegende B-ähnliche Figur und darunter ein waagrechter Strich. Der Sinn dieser in das Gestein eingetieften Darstellungen ist unklar. Das Steinkistengrab von Nietleben wurde bereits 1826 ausgegraben und das von Schkopau 1854.
Zu den eindrucksvollsten Kunstwerken, die je in einem Grab der Walternienburg-Bernburger Kultur zum Vorschein kamen, zählt eine mannshohe Menhirstatue aus Sandstein, die als Deckstein für ein Steinkistengrab in Langeneichstätt (Saalekreis) in Sachsen-Anhalt verwendet wurde. Unter einer Menhirstatue versteht man ein Steinbildwerk oder einen Steinblock mit einfacher oft mehr gezeichneter Wiedergabe des menschlichen Körpers.
Die aus hellgrau-gelbem Sandstein zurechtgehauene Menhirstatue aus Langeneichstädt ist 1,76 Meter lang, 34 Zentimeter breit und 25 Zentimeter dick. Auf ihrem oberen Ende wurde in mühsamer Arbeit ein stilisiertes Bild eingraviert, das als Fruchtbarkeitsgöttin interpretiert wird. Dargestellt wird diese „Dolmengöttin“ als 16 Zentimeter langes und 12 Zentimeter breites Eirund mit einem 23 Zentimeter langen Stiel, der das Oval durchläuft und über den Kopf hinausragt. Deutlich sind beide Augen zu erkennen.
Vergleichbare Motive kennt man auch in französischen Großsteingräbern, die Dolmen genannt werden. Nach Ansicht mancher Prähistoriker soll ein von Rindern gezogener Wagen

Prähistoriker Henri Breuil (1877–1961).
Foto: Marcel G. Lefrancq (1916–1974) / CC-BY-SA3.0 (via Wikimedia Commons),

das Attribut der Göttin sein. Als „Dolmengöttin" (französisch: „Déesse Mère"), „Muttergöttin" oder „Déesse des Morts" („Totengöttin") bezeichnete der französische Prähistoriker Henri Breuil (1877–1961) vor allem auf der Innenseite von Tragsteinen von Megalith-Anlagen oder auf Menhiren eingeritzte Darstellungen, die meistens einen kopflosen Halbtorso zeigen. Diese Gottheit hat zwei oder mehr Brüste und meist einen mehrreihigen Halsschmuck.
Die Menhirstatue aus Langeneichstädt wurde vermutlich von Angehörigen der Walternienburg-Bernburger Kultur geschaffen und als einer der Decksteine für die 5,30 Meter lange, 1,90 Meter breite und 1,70 Meter hohe Kammer des Steinkistengrabes verwendet. Auf die Zugehörigkeit zu dieser Kultur deuten die auf Bruchstücken von Tontrommeln angebrachten typischen Verzierungen hin. Entdecker dieser Menhirstatue war 1987 der Prähistoriker Detlef W. Müller.
Bemerkenswerte Kunstwerke hat man auch in der Höhensiedlung der Dölauer Heide bei Halle/Saale entdeckt. Dabei handelt es sich um den fragmentarisch überlieferten Kopf einer menschlichen Tonfigur sowie um einen kleinen tönernen Thron. Ob beide zusammengehörten, ist ungewiss.
Im Leben der Walternienburg-Bernburger Leute spielten mit Tierhäuten bespannte Tontrommeln offenbar eine wichtige Rolle. Man nimmt an, dass diese Musikinstrumente den Medizinmännern vorbehalten waren. Vielleicht wurden die Trommeln zu rituell motivierten Tänzen, bei Feiern und im Rahmen eines Totenkultes geschlagen. Auf eine Funktion im Kult deuten bestimmte Symbolzeichen hin, die häufig an den Trommeln angebracht worden sind. Erstaunlich viele Bruchstücke von zerbrochenen Tontrommeln kamen in den Siedlungen auf dem Langen Berg in der Dölauer Heide sowie auf der

Vierzierte Tasse der Walternienburg-Bernburger Kultur aus Walternienburg.
Original im „Museum für Vor- und Frühgeschichte“, Berlin.

Schalkenburg bei Quenstedt ans Tageslicht. In jeder dieser beiden Höhensiedlungen hat man Scherben von etwa 30 Tontrommeln auflesen können. Mehrere Tontrommeln fand man auch in Pevestorf (Kreis Lüchow-Dannenberg) in Niedersachsen. Außer den genannten Fundstellen von Tontrommeln gibt es noch andere.

Auf manchen der in Thüringen entdeckten Tontrommeln – beispielsweise in Erfurt und Hornsömmern (Unstrut-Hainich-Kreis) – ist die Außenseite mit Kreisornamenten geschmückt, die als Augen- oder Sonnenmotive interpretiert werden. Im Fall der dreilinigen eingestochenen Kreisornamente mit einem Durchmesser von 2,2 bis 3,4 Zentimetern auf einer Tontrommel in Erfurt dürfte es sich um Sonnensymbole handeln.

Etliche Hinterlassenschaften der Walternienburg-Bernburger Leute belegen, dass diese bereits die wichtigen mathematisch-geometrischen Grundformen kannten. Ihnen waren der Kreis, das Rechteck, das Dreieck, die Ellipse, das Trapez und die Raute vertraut. Der Kreis, das Rechteck und das Trapez kamen beispielsweise bei den Grabumrandungen vor. Das Palisadensystem auf der Schalkenburg bei Quenstedt hat die Form einer Ellipse. Das Dreieck, das Quadrat und die Raute gehörten zu den Verzierungsmotiven auf den Tongefäßen.

Für die Keramik der Walternienburger Gruppe bzw. des Walternienburger Stils waren verzierte Henkeltassen, Amphoren, unverzierte Trichterschalen und verzierte Trommeln mit Ösenkranz typisch. Dagegen gab es vereinzelt ovale Traggefäße (Taschengefäße). Die Tongefäße der Walternienburger Gruppe wurden in Tiefstichtechnik mit waagrechten und senkrechten Mustern im Wechsel verziert. Sie ähnelten der Keramik der norddeutschen Trichterbecher-Kultur, weshalb die Walternienburger Gruppe mit ihr in Verbindung gebracht wird.

Prähistoriker Ulrich Fischer (1915–2005).
Foto: Museum für Vor- und Frühgeschichte,
Archäologisches Museum, Frankfurt am Main

Als Keramikformen der Bernburger Gruppe bzw. des Bernburger Stils gelten verzierte bauchige Henkeltassen und Amphoren ohne und mit Schulterabsatz, unverzierte schrägwandige Henkeltassen (teilweise mit Griffzapfen), unverzierte Trichterschalen, verzierte oder unverzierte Tonnengefäße mit Grifflappen, weitmundige Näpfe ohne und mit Schulterabsatz, verzierte Tontrommeln mit Zapfen sowie vielfach mit Henkel oder Öse. Die Tongefäße wurden mit waagrechten Linienbändern, Zickzack-, Dreieck-, Schachbrett sowie Textil- bzw. Binsenmustern verziert.

Die Werkzeuge stellte man aus Gestein und Knochen her. Bei den Steinwerkzeugen schätzte man besonders den im Harz vorkommenden Wiedaer Schiefer. Aus Knochen schnitzte man Meißel, aus tierischen Schulterblättern mitunter Flachshecheln, mit denen man den Flachs auskämmte. Dabei wurden die Faserbündel in parallel liegende Fasern geordnet und holzige Bestandteile entfernt.

Streitäxte wurden aus Felsgestein zurechtgeschliffen. Viele von ihnen besaßen die Form doppelschneidiger Amazonenäxte (Doppeläxte). Pfeil und Bogen sind durch Funde von Pfeilspitzen aus Feuerstein und Knochen belegt. Die Feuerstein-Pfeilspitzen hatten querschneidige und gestreckt dreieckige Form, vereinzelt waren sie gestielt.

Die Menschen der Walternienburg-Bernburger Kultur betteten ihre Toten in Steinkistengräbern, Gräbern mit Steinpackungen oder Holzbohlenverkleidung und einfachen Erdgräbern zur letzten Ruhe. Der Prähistoriker Ulrich Fischer (1915–2005) bezeichnete 1956 die Steinkisten als Plattengräber. Er glaubte, dass man ursprünglich über diesen Gräbern einen Hügel aufgeschüttet hat. In den 1980er Jahren kannte man 14 Steinkistengräber der Walternienburg-Bernburger Kultur.

Grabung von 1904 durch den Lehrer und Heimatforscher Paul Höfer (1845–1914) am Pohlberg bei Latdorf, einem Ortsteil von Nienburg an der Saale (Salzlandkreis) in Sachsen-Anhalt.
Dort wurden unter anderem Bestattungen der Walternienburg-Bernburger Kultur entdeckt.
Foto: (via Wikimedia Commons),
Lizenz: gemeinfrei (Public domain)

Neben auffällig vielen Kollektivbestattungen nahm man auch Einzelbestattungen vor. Der Leichnam wurde unverbrannt beerdigt. In der Walternienburger Gruppe gab es sowohl gestreckte Bestattungen als auch Hockerbestattungen, bei denen die Beine zum Körper hin angezogen waren. In der Bernburger Gruppe überwogen auf der rechten Körperseite liegende Hocker.

Gemeinschaftsgräber der Walternienburg-Bernburger Kultur kennt man aus Niederbösa (78 Bestattungen), Nordhausen (50 Bestattungen), Holzsussra (30 bis 40 Bestattungen), Dedeleben (25 Bestattungen), Hornsömmern (15 Bestattungen) in Mitteldeutschland sowie aus Großeibstadt (Kreis Rhön-Grabfeld) im bayerischen Regierungsbezirk Unterfranken.

Die 7,50 mal 3 Meter große Grabkammer von Niederbösa hatte man mühsam in den steinigen Untergrund eingetieft. In diesem Grab beerdigte man nacheinander insgesamt 78 Tote teils in Streck-, teils in Hockerlage. Bei den Ausgrabungen durch den Weimarer Prähistoriker Rudolf Feustel (1925–2018) wurde 1959 eine Holzkonstruktion nachgewiesen.

Das Steinkistengrab von Holzsussra (Kreis Sondershausen) in Thüringen mit schätzungsweise mindestens 30 Bestattungen kennt man schon seit 1870. Das große Steinkistengrab von Hornsömmern mit 15 Skeletten sowie das kleinere mit drei Skeletten vom selben Fundort wurden 1886 aufgedeckt. Zwischen diesen beiden Steinkistengräbern hat man einen Steinkreis gefunden.

In der 9 mal 4 Meter messenden Grabkammer von Schönstedt ruhten die Bestatteten meist in Hockerlage mit dem Kopf nach Osten. Von den mehr als 60 Bestatteten waren 15 Männer, 13 Frauen, 35 Jugendliche und Kinder. Auf dieses Kollektivgrab wurde man Ende August 1969 beim Ausheben eines

Kabelgrabens aufmerksam. Noch im Entdeckungsjahr nahm der Prähistoriker Rudolf Feustel eine Ausgrabung vor.
Eine Eigenart im Bestattungswesen der Walternienburg-Bernburger Kultur waren aus Holzkonstruktionen errichtete Totenhütten über dem Grab, die bei Bestattungen verbrannt wurden und so manchmal den fälschlichen Eindruck von Brandbestattungen erweckt haben. Reste solcher eingeäscherter Totenhütten fand man in Dedeleben (Kreis Harz), Schönstedt (Unstrut-Hainich-Kreis) und auf dem Wichshäuser Hügel bei Derenburg (Kreis Harz) in Sachsen-Anhalt, Niederbösa (Kyffhäuserkreis) und Nordhausen (Kreis Nordhausen) in Thüringen sowie und in Großeibstadt (Kreis Rhön-Grabfeld) in Bayern. In der etwa 30 Zentimeter dicken Brandschicht über dem Kollektivgrab von Dedeleben barg man neben zahlreichen beim Abbrennen der Totenhütte verkohlten menschlichen Skelettresten auch Scherben von Tongefäßen im Gesamtgewicht von 100 Kilogramm. Vermutlich hatte man absichtlich Tongefäße zerschlagen. Im Kollektivgrab von Großeibstadt, dessen Entdeckung im Sommer 1983 gelang, ruhten die Toten auf einem Bodenpflaster aus Steinplatten. Unter den Beigaben in diesem Grab befand sich eine 32,5 Zentimeter hohe Tontrommel, die bewusst dem Feuer ausgesetzt und dabei zerstört wurde. 1983, 1986 und 1987 legte man in Großeibstadt drei Totenhütten frei.
Am namengebenden Fundort Walternienburg waren insgesamt 20 Erdgräber mit Einzelbestattungen angelegt worden. Sie enthielten Amphoren, Tassen, Schalen, Zwillingsgefäße, Schöpflöffel, Spinnwirtel sowie Amazonenäxte (Doppeläxte) und Steinbeile. Die Erdgräber von Walternienburg hat von 1895 bis 1906 der Berliner Prähistoriker Alfred Götze ausgegraben.

Der bisher größte Friedhof mit Erdgräbern konnte bei Pevestorf aufgedeckt werden. Er umfasst 32 Gräber mit Bestattungen in Strecklage. Darüber stieß man auf Brandopfer mit Schweine- und Vogelknochen. Die ersten Funde in Pevestorf wurden 1961 beim Bau eines Wohnhauses gefunden und durch den Mittelschuldirektor Alfred Pudelko aus Gartow sowie den Lehrer Otto Weide aus Nienwalde geborgen. 1963 erfolgte eine Notgrabung und 1964 eine Grabung durch den Prähistoriker Klaus Ludwig Voß aus Hannover.

Als Beigaben für die Toten dienten Tongefäße, gelegentlich Knochen- und Geweihgeräte, Pfeilspitzen aus Feuerstein, Beile aus Wiedaer Schiefer und Schmuckstücke, zu denen auch Unterkieferhälften vom Fuchs gehörten. Ein Teil der Tonscherben in manchen Gräbern stellte keine Reste von Grabbeigaben dar, sondern ist auf das bewusste Zertrümmern von Tongefäßen zurückzuführen, das schon in der Salzmünder Kultur praktiziert wurde.

Auf eine ungewöhnliche Doppelbestattung stieß man in einem Grab von Biendorf (Salzlandkreis) in Sachsen-Anhalt. Dort lagen eine Kuh und ein Kalb mit dem Kopf im Nordwesten in der 1,10 Meter tiefen Grube. Über diesen beiden Tieren fand man eine auf dem Bauch liegende Frau in Strecklage Unter dem Kalb war ein etwa fünfjähriges Kind in Hockerlage bestattet. In Nähe des Kindes hatte man drei Tongefäße und eine Tontrommel niedergelegt. Oberhalb der Tierskelette fand man mitten in der Grube eine Brandschicht mit kalzinierten Tierknochen, die unter anderem von einem Hund stammen.

Unsicher ist die kulturelle Zugehörigkeit der Erbauer des Steinkammergrabes im Ortsteil Göhlitzsch von Leuna (Kreis Merseburg-Querfurt) in Sachsen-Anhalt. Dieses wird mit der Salzmünder Kultur (etwa 3.700–3200 v. Chr.), der Bernburger

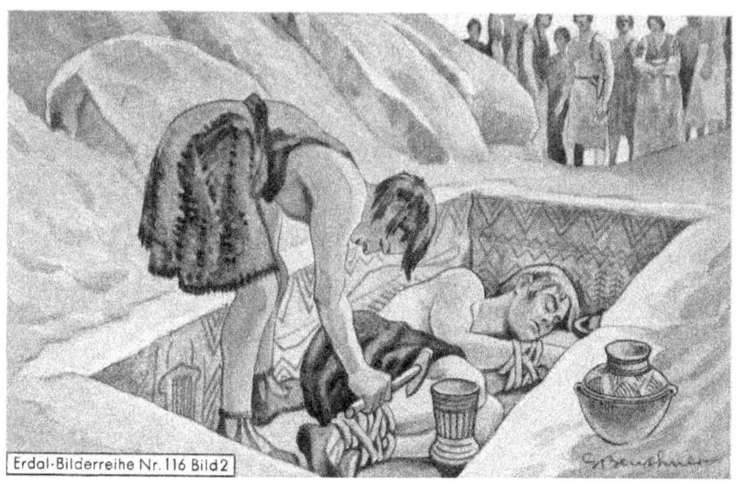

Steinkiste von Leuna-Göhlitzsch (Kreis Merseburg-Querfurt) in Sachsen-Anhalt.
Dieses Grab wird von manchen Autoren der Walternienburg-Bernburger-Kultur zugerechnet.
Zeichnung von Gerhard Beuthner (1867–nach 1935) im Erdal-Bilderbuch „Aus Deutschlands Vorzeit" (1937)

Gruppe (etwa 3.200–2.800 v. Chr.) oder mit den Schnurkeramischen Kulturen (etwa 2.800–2.400 v. Chr.) in Verbindung gebracht. Das Steinkammergrab von Göhlitzsch wurde bereits 1750 entdeckt. Alle sechs Wandplatten des 2,19 Meter langen, 1,25 Meter breiten, 1,25 Meter hohen, mit drei Blöcken abgedeckten Grabes wurden auf der Innenseite durch eingravierte sowie aufgemalte Muster und Darstellungen verschönert. Die Muster ahmen vielleicht Wandbehänge nach, die es damals womöglich schon in manchen Häusern gab. Diese Vermutung äußerte jedenfalls bereits der Prähistoriker Hans Hahne (1875–1935) aus Halle/Saale. Sämtliche Wandplatten des Göhlitzscher Steinkammergrabes wurden oben durch einen Zackenfries begrenzt. Auf der bekanntesten Platte fand sich darunter eine waagrechte Linie, die beidseitig von kleinen Zacken gesäumt war. Darunter folgte die Darstellung eines querliegenden Bogens. An dieses Waffenmotiv schloss sich ein Teppichmuster aus vier Feldern mit Zickzacklinien an. Zwischen den Feldern sind jeweils zwei senkrechte Linien mit kurzen waagrechten oder schrägen Strichen angebracht. Links neben Zackenfries, Bogen und Teppichmuster ist ein mit sechs Pfeilen gefüllter Köcher zu erkennen. Auch auf anderen Göhlitzscher Wandplatten sind neben Zackenfriesen und Tannenzweigmustern bemerkenswerte Darstellungen hinterlassen worden. So ist im unteren Drittel eines dieser Wandsteine eine querliegende geschäftete Axt abgebildet, deren Klinge zum Boden weist.

Einen kleinen Einblick in die religiöse Gedankenwelt der Walternienburg-Bernburger Leute ermöglichten merkwürdige tönerne Gegenstände aus Sachsen-Anhalt, um deren Deutung sich der früher in Halle/Saale tätige Prähistoriker Hermann Behrens bemüht hat. Er entdeckte 1969 in der Höhensiedlung

Wandplatte aus dem Steinkammergrab von Leuna-Göhlitzsch (Kreis Merseburg) in Sachsen-Anhalt mit Darstellung von Pfeilen im Köcher, einem querliegenden Bogen und darunter einem Teppichmuster aus vier Feldern und Zickzacklinien.
Original im Landesmuseum für Vorgeschichte Halle/Saale.
Foto aus „Deutsche Vor- und Frühgeschichte in Bildern" (1936) von Carl Schuchhardt (1859–1943)

auf dem Langen Berg in der Dölauer Heide in einer Siedlungsgrube ein Objekt, wie es bis dahin aus der mitteldeutschen Jungsteinzeit nicht bekannt war. Dabei handelte es sich um ein 10 Zentimeter langes und etwa 6 Zentimeter hohes Gebilde in Gestalt eines Reitersattels, das auf vier Füßen steht und in der Mitte ein Loch ausweist. Ähnlichkeit mit ihm hatte ein bruchstückhaft erhaltener Tongegenstand, der schon 1968 am selben Fundort zum Vorschein gekommen war. An diesem Fragment konnte man ein muldenförmiges Oberteil mit einem Loch sowie zwei schlittenartige Kufen an der Basis erkennen. Dieser Fund ist 9 Zentimeter lang und 4 Zentimeter hoch.
Bei einer Grabung innerhalb der Höhensiedlung auf der Schalkenburg glückte Behrens der Fund von zwei weiteren Tonobjekten des gleichen Typs in Gruben. Beide wiesen eine stattelförmige Einmuldung auf und besaßen an der Basis zwei Kufen. Eines der beiden Stücke hatte ein Mittelloch, das andere keines. Diese zwei Funde sind 7,5 Zentimeter lang und 4 bis 5 Zentimeter hoch bzw. 5 Zentimeter lang und 2,5 Zentimeter hoch.
Behrens deutete diese seltsamen Tonobjekte als Sitzmöbel für eine tönerne Götterfigur bzw. als Altar zum Einsetzen eines bestimmten Gegenstandes. Dabei beruft er sich auf ähnliche Funde ein Mähren (Vevisovice, Brünn-Lisen) in Tschechien, die als Modell von Stühlen betrachtet werden. Andere Autoren halten diese Stücke jedoch für Kinderspielzeug im Sinne von Miniaturmöbeln.
Tatsächlich gibt es in der Jungsteinzeit und in der Kupferzeit Europas neben stehenden Figuren auch Sitzplastiken im Kleinformat, bei denen der Sitz teilweise getrennt hergestellt worden ist. Da die Benutzung einer Sitzgelegenheit in primitiven Gesellschaften und sogar noch im Altertum sozial hoch-

stehenden Persönlichkeiten bzw. Gottheiten vorbehalten war, vermutete Behrens, dass es sich auch bei den in Sachsen-Anhalt gefundenen Stühlchen um Götterthrone handeln könnte.

Tongefäße mit Tiefstichverzierung im „Museum Stettin".
Fotos aus „Deutsche Vor- und Frühgeschichte in Bildern" (1936)
von Carl Schuchhardt (1859–1943)

Nachtrag

Der Text über die Walternienburg-Bernburger Kultur stammt aus dem 1991 erschienenen Buch „Deutschland in der Steinzeit“ des Wiesbadener Wissenschaftsautors Ernst Probst. 1994 bezweifelte der Prähistoriker Detlef W. Müller die Existenz der Walternienburg-Bernburger Kultur sowie der Walternienburger Gruppe und der Bernburger Gruppe. Im Online-Lexikon „Wikipedia“ hieß es 2019, die früher der Walternienburger Kultur zugerechneten Großsteingräber würden heute der Tiefstichkeramik-Kultur zugeordnet. In der Gestaltung der Keramik zeige sich die Walternienburger Kultur in der Tradition der Tiefstichkeramik. Der Begriff Tiefstichkeramik geht auf den Berliner Prähistoriker Alfred Götze (1865–1948) zurück, der schon 1900 von Keramik mit Tiefornamentik sprach.

Der Begriff Tiefstichkeramik-Kultur beruht auf der Ornamentierung von deren Tongefäßen. Bei dieser Kultur handelt es sich um eine regionale Gruppe der nordwest-deutschen Trichterbecher-Kultur (etwa 4.300 bis 3.000 v. Chr.), die sich im nördlichen Sachsen-Anhalt mit eigenständigem Gepräge entwickelt haben soll. Laut der Internetseite des „Landesmuseums für Vorgeschichte“ in Halle/Saale sind die Angehörigen dieser Kultur vor allem aus der norddeutschen Tiefebene zugewandert. Sie hätten neue Ideen – wie den Bau von Großsteingräbern und die Bestattung ganzer Sippen in Kollektivgräbern – nach Mitteldeutschland mitgebracht. Nach der Bodenqualität im Verbreitungsgebiet dieser Kultur zu schließen, könnte die Viehhaltung eine größere Rolle als der Ackerbau gespielt haben.

Der Autor

Ernst Probst, geboren am 20. Januar 1946 in Neunburg vorm Wald im bayerischen Regierungsbezirk Oberpfalz, ist Journalist und Wissenschaftsautor. Er arbeitete von 1968 bis 1971 bei den „Nürnberger Nachrichten", von 1971 bis 1973 in der Zentralredaktion des „Ring Nordbayerischer Tageszeitungen" in Bayreuth und von 1973 bis 2001 bei der „Allgemeinen Zeitung", Mainz. In seiner Freizeit schrieb er Artikel für die „Frankfurter Allgemeine Zeitung", „Süddeutsche Zeitung", „Die Welt", „Frankfurter Rundschau", „Neue Zürcher Zeitung", „Tages-Anzeiger", Zürich, „Salzburger Nachrichten", „Die Zeit", „Rheinischer Merkur", „Deutsches Allgemeines Sonntagsblatt", „bild der wissenschaft", „kosmos", „Deutsche Presse-Agentur" (dpa), „Associated Press" (AP) und den „Deutschen Forschungsdienst" (df). Aus seiner Feder stammen die Bücher „Deutschland in der Urzeit" (1986), „Deutschland in der Steinzeit" (1991), „Rekorde der Urzeit" (1992), „Dinosaurier in Deutschland" (1993 zusammen mit Raymund Windolf) und „Deutschland in der Bronzezeit" (1996). Von 2001 bis 2006 betätigte sich Ernst Probst als Buchverleger sowie zeitweise als internationaler Fossilienhändler und Antiquitätenhändler. Insgesamt veröffentlichte er mehr als 300 Bücher, Taschenbücher, Broschüren und über 300 E-Books.

Autor Ernst Probst.
Foto: Klaus Benz, Fotograf, Mainz-Laubenheim

Bücher von Ernst Probst

(Auswahl)

Als Mainz im Meer lag
Als Mainz noch nicht am Rhein lag
Das Mammut- Mit Zeichnungen von Shuhei Tamura
Der Europäische Jaguar
Der Mosbacher Löwe. Die riesige Raubkatze aus Wiesbaden
Der Rhein-Elefant. Das Schreckenstier von Eppelsheim
Der Ur-Rhein. Rheinhessen vor zehn Millionen Jahren
Deutschland im Eiszeitalter
Deutschland in der Frühbronzezeit
Deutschland in der Mittelbronzezeit
Deutschland in der Spätbronzezeit
Die Aunjetitzer Kultur in Deutschland
Die Straubinger Kultur in Deutschland
Die Singener Gruppe
Die Arbon-Kultur in Deutschland
Die Ries-Gruppe und die Neckar-Gruppe
Die Adlerberg-Kultur
Der Sögel-Wohlde-Kreis
Die nordische Bronzezeit in Deutschland
Die Hügelgräber-Kultur in Deutschland
Die ältere Bronzezeit in Nordrhein-Westfalen
Die Bronzezeit in der Lüneburger Heide
Die Stader Gruppe
Die Oldenburg-emsländische Gruppe
Die Urnenfelder-Kultur in Deutschland

Die ältere Niederrheinische Grabhügel-Kultur
Die Unstrut-Gruppe
Die Helmsdorfer Gruppe
Die Saalemündungs-Gruppe
Die Lausitzer Kultur in Deutschland
Die Dolchzahnkatze Megantereon
Die Dolchzahnkatze Smilodon
Die Säbelzahnkatze Homotherium
Die Säbelzahnkatze Machairodus
Die Schweiz in der Frühbronzezeit
Die Rhône-Kultur in der Westschweiz
Die Arbon-Kultur in der Schweiz
Die Schweiz in der Mittelbronzezeit
Die Schweiz in der Spätbronzezeit
Dinosaurier von A bis K. Von Abelisaurus bis zu Kritosaurus
Dinosaurier von L bis Z. Von Labocania bis zu Zupaysaurus
Der rätselhafte Spinosaurus. Leben und Werk des Forschers Ernst Stromer von Reichenbach
Eiszeitliche Geparde in Deutschland
Eiszeitliche Leoparden in Deutschland
Höhlenlöwen. Raubkatzen im Eiszeitalter
Hermann von Meyer. Der große Naturforscher aus Frankfurt am Main
Johann Jakob Kaup. Der große Naturforscher aus Darmstadt
Krallentiere am Ur-Rhein
Neues vom Ur-Rhein. Interview mit dem Geologen und Paläontologen Dr. Jens Sommer
Österreich in der Frühbronzezeit

Österreich in der Mittelbronzezeit
Österreich in der Spätbronzezeit
Raub-Dinosaurier von A bis Z. Mit Zeichnungen von Dmitry Bogdanav und Nobu Tamura
Rekorde der Urmenschen. Erfindungen, Kunst und Religion
Rekorde der Urzeit. Landschaften, Pflanzen und Tiere
Säbelzahnkatzen. Von Machairodus bis zu Smilodon
Säbelzahntiger am Ur-Rhein. Machairodus und Paramachairodus
Was ist ein Menhir? Interview mit dem Mainzer Archäologen Dr. Detert Zylmann
Wer ist der kleinste Dinosaurier? Interviews mit dem Wissenschaftsautor Ernst Probst
Wer war der Stammvater der Insekten? Interview mit dem Stuttgarter Biologen und Paläontologen Dr. Günther Bechly
6000 Jahre Kastel. Von der Steinzeit bis zum 21. Jahrhundert
5000 Jahre Kostheim. Von der Steinzeit bis zum 21. Jahrhundert
Kastel in der Vorzeit. Von der Jungsteinzeit bis Christi Geburt
Kostheim in der Vorzeit. Von der Jungsteinzeit bis Christi Geburt
Wiesbaden in der SteinzeitAnno 1.000.000. Deutschland in der älteren Altsteinzeit
Das Protoacheuléen. Eine Kulturstufe der Altsteinzeit vor etwa 1,2 Millionen bis 600.000 Jahren
Das Altacheuléen. Eine Kulturstufe der Altsteinzeit vor etwa 600.000 bis 350.000 Jahren
Das Jungacheuléen. Eine Kulturstufe der Altsteinzeit vor etwa 350.000 bis 150.000 Jahren

Das Spätacheuléen. Eine Kulturstufe der Altsteinzeit vor etwa 150.000 bis 100.000 Jahren
Die Lanze von Lehringen. Ein Jahrhundertfund aus der Altsteinzeit
Das Moustérien – Die große Zeit der Neanderthaler
Das Aurignacien. Eine Kulturstufe der Altsteinzeit vor etwa 40.000 bis 31.000 Jahren
Das Gravettien. Eine Kulturstufe der Altsteinzeit vor etwa 35.000 bis 24.000 Jahren
Das Magdalénien. Die Blütezeit der Rentierjäger vor etwa 18.000 bis 14.000 Jahren
Die Hamburger Kultur. Eine Kulturstufe der Altsteinzeit vor etwa 15.700 bis 14.200 Jahren
Die Federmesser-Gruppen. Eine Kulturstufe der Altsteinzeit vor etwa 14.000 bis 12.800 Jahren
Das Steinzeit-Grab von Bonn-Oberkassel. Ein rätselhafter Fund aus der Zeit der Federmesser-Gruppen
Die Ahrensburger Kultur. Eine Kulturstufe der Altsteinzeit vor etwa 12.700 bis 11.650 Jahren
Die Altsteinzeit in Österreich., Jäger und Sammler vor 250.000 bis 10.000 Jahren
Das Jungacheuléen in Österreich
Das Moustérien in Österreich
Das Aurignacien in Österreich
Das Gravettien in Österreich
Das Magdalénien in Österreich
Das Magdalénien in der Schweiz
Die Mittelsteinzeit
Deutschland in der Mittelsteinzeit
Die Mittelsteinzeit in Baden-Württemberg
Die Mittelsteinzeit in Bayern
Die Mittelsteinzeit in Rheinland-Pfalz

Die Mittelsteinzeit in Hessen
Die Mittelsteinzeit in Nordrhein-Westfalen
Die Mittelsteinzeit in Niedersachsen
Die Mittelsteinzeit in Thüringen, Sachsen-Anhalt, Sachsen und im südlichen Brandenburg
Die Mittelsteinzeit in Schleswig-Holstein, Mecklenburg und im nördlichen Brandenburg
Die ersten Bauern in Deutschland. Die Linienbandkeramische Kultur (5.500 bis 4.900 v. Chr.)
Die Ertebölle-Ellerbek-Kultur. Eine Kultur der Jungsteinzeit vor etwa 5.000 bis 4.300 v. Chr.
Die Stichbandkeramik. Eine Kultur der Jungsteinzeit vor etwa 4.900 bis 4.500 v. Chr.
Die Oberlauterbacher Gruppe. Eine Kulturstufe der Jungsteinzeit vor etwa 4.900 bis 4.500 v. Chr.
Die Hinkelstein-Gruppe. Eine Kulturstufe der Jungsteinzeit vor etwa 4.900 bis 4.800 v. Chr.
Die Rössener Kultur. Eine Kultur der Jungsteinzeit vor etwa 4.600 bis 4.300 v. Chr.
Die Kupferzeit. Wie die ersten Metalle in Mitteleuropa bekannt wurden
Die Michelsberger Kultur. Eine Kultur der Jungsteinzeit vor etwa 4.300 bis 3.500 v. Chr.
Das Rätsel der Großsteingräber. Die nordwestdeutsche Trichterbecher-Kultur vor etwa 4.300 bis 3.000 v. Chr.
Die Baalberger Kultur. Eine Kultur der Jungsteinzeit vor etwa 4.300 bis 3.700 v. Chr.
Pfahlbauten in Süddeutschland. Dörfer der Jungsteinzeit und Bronzezeit an Seen, Mooren und Flüssen
Die Altheimer Kultur / Die Pollinger Gruppe. Zwei Kulturen der Jungsteinzeit vor etwa 3.900 bis 3.500 v. Chr.

Die Salzmünder Kultur. Eine Kultur der Jungsteinzeit vor etwa 3.700 bis 3.200 v. Chr.
Die Chamer Gruppe. Eine Kulturstufe der Jungsteinzeit vor etwa 3.500 bis 2.800 v. Chr.
Die Wartberg-Kultur. Eine Kultur der Jungsteinzeit vor etwa 3.500 bis 2.800 v. Chr.
Die Walternienburg-Bernburger Kultur. Eine Kultur der Jungsteinzeit vor etwa 3.200 bis 2.800 v. Chr.
Die Kugelamphoren-Kultur. Eine Kultur der Jungsteinzeit vor etwa 3.100 bis 2.700 v. Chr.
Die Schnurkeramischen Kulturen. Kulturen der Jungsteinzeit von etwa 2.800 bis 2.400 v. Chr.
Die Einzelgrab-Kultur. Eine Kultur der Jungsteinzeit vor etwa 2.800 bis 2.300 v. Chr.
Die Schönfelder Kultur. Eine Kultur der Jungsteinzeit vor etwa 2.800 bis 2.200 v. Chr.
Die Glockenbecher-Kultur. Eine Kultur der Jungsteinzeit vor etwa 2.500 bis 2.200 v. Chr.
Die ersten Bauern in Österreich. Die Linienbandkeramische Kultur vor etwa 5.500 bis 4.900 v. Chr.
Die Lengyel-Kultur in Österreich. Eine Kultur der Jungsteinzeit vor etwa 4.900 bis 4.400 v. Chr.
Die Mondsee-Gruppe. Eine Kulturstufe der Jungsteinzeit vor etwa 3.700 bis 2.900 v. Chr.
Die Badener Kultur in Österreich. Eine Kultur der Jungsteinzeit vor etwa 3.600 bis 2.900 v. Chr.
Die ersten Pfahlbauten in der Schweiz. Die Anfänge der Pfahlbauforschung und die Egolzwiler Kultur
Die Cortaillod-Kultur. Eine Kultur der Jungsteinzeit vor etwa 4.000 bis 3.500 v. Chr.
Die Pfyner Kultur in der Schweiz. Eine Kultur der

Jungsteinzeit vor etwa 4.000 bis 3.500 v. Chr.
Die Horgener Kultur in der Schweiz. Eine Kultur der Jungsteinzeit vor etwa 3.500 bis 2.800 v. Chr.
Die Schnurkeramiker in der Schweiz. Eine Kultur der Jungsteinzeit vor etwa 2.800 bis 2.400 v. Chr.